| 과학자가 들려주는 과학 이야기 (31–40권)

통합형 논술 활용노트 ④

통합형 논술 활용노트 4

초판 1쇄 인쇄일 | 2010년 9월 15일
초판 1쇄 발행일 | 2010년 9월 20일

펴낸이 | 강병철
펴낸곳 | (주)자음과모음

주　　간 | 정은영
편　　집 | 장기선, 노희성, 김소희, 박효진
디 자 인 | 이연경
재　　작 | 시명국
마 케 팅 | 박현경, 김정혜, 유혜영
영　　업 | 조광진, 안재임

출판등록 | 2001년 5월 8일 제20－222호
주　　소 | 121－753 서울시 마포구 동교동 165－1 미래프라자빌딩 7층
전　　화 | 편집부 (02)324－2347, 총무부 (02)325－6047
팩　　스 | 편집부 (02)324－2348, 총무부 (02)2648－1311
e－mail | jamoplan@gmail.com
Home page | www.jamo21.net

ISBN 978－89－544－2284－0 (44400)
ISBN 978－89－544－2280－2 (set)

과학자가 들려주는 과학 이야기 31-40권

통합형 논술 활용노트 4

(주)자음과모음

차례

통합형 논술 활용노트

통합형 논술 활용노트란?

〈과학자가 들려주는 과학 이야기〉 시리즈의 독서 후 활동으로 활용되는 통합형 논술 활용노트입니다.

노트 활용하기!

첫 번째, 책을 다 읽고 나서 노트에 있는 문제들을 풀어 보도록 합니다.

두 번째, 모르는 문제는 그냥 넘어가도록 합니다.

세 번째, 문제를 다 풀었으면 책에서 답을 구해 보도록 합니다.

네 번째, 문제 중에는 여러분의 개인적인 생각을 써야 하는 부분이 있습니다. 자신의 생각을 논리적으로 적어 보도록 합니다.

다섯 번째, 어떤 이론이든 한 번에 나온 것은 없습니다. 과학자들이 실패를 거듭함으로써 얻어진 결과입니다. 여러분이라면 어떤 가설을 세웠을지 생각해 보도록 합니다.

여섯 번째, 노트는 책이 아닙니다. 말 그대로 여러분이 쓰고 싶은 것들을 연습장처럼 쓰면 됩니다.

일곱 번째, 노트의 맨 뒤에는 문제 풀이가 있습니다. 책을 찾아봐도 이해가 되지 않는 문제를 중심으로 보기 바랍니다. 이 노트는 채점을 위한 시험이 아닙니다. 얼마나 책을 잘 읽었는지, 잘 이해하고 있는지를 스스로 확인해 보는 것입니다.

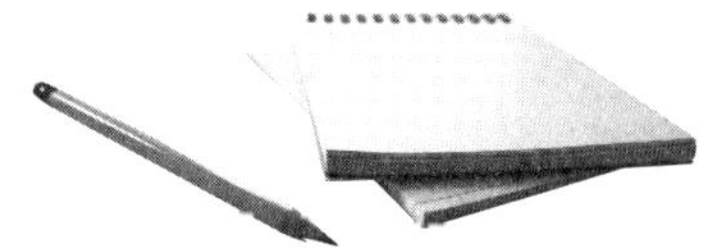

031

코시가 들려주는 부등식 이야기

PV=nRT

W=F·S

Q=c·m·Δt

01 부등식이란 무엇인가요?

1 부등호를 나타낸 식을 부등식이라고 하는데 다음과 같이 4종류가 있습니다. 각각 어떻게 읽을까요?

$a>b$

$a<b$

$a\geqq b$

$a\leqq b$

2 $4>2$의 양변에 똑같이 1을 더해도 부등호는 같습니다. 이것은 '$a>b$이면 $a+c>b+c$이다'로 나타냅니다. 반대로 양변에서 똑같은 수를 빼면 식은 어떻게 바뀔까요? 또한 부등식 양변에 음수를 곱하거나 나누면 어떻게 될까요?

두 번째 수업

02 부등식은 어떻게 풀까요?

1 다음 부등식의 해를 구해 보세요.

$2x-1<5$

2 두 수 x, y가 다음과 같은 부등식을 만족할 때, $x+y$의 범위는 어떻게 될까요?

$1 \leqq x \leqq 3$, $4 \leqq y \leqq 6$

세 번째 수업

03 부등식의 활용

1부터 10까지의 수 중 연속인 세 수로, 그 합이 10보다 크면서 세 수가 가장 작은 경우는 3, 4, 5일 때입니다. 빈칸에 알맞은 식을 적어 보세요.

x : 세 수 중 가장 작은 수

$x+(x+1)+(x+2)>10$

$(\qquad\qquad\qquad\qquad)>10$

$(\qquad\qquad\qquad\qquad\qquad)$

$3x>7$

$x>\frac{7}{3}$

$\frac{7}{3}$보다 큰 자연수 중 가장 작은 자연수는 3입니다. 따라서 구하려는 세 수는 3, 4, 5입니다.

네 번째 수업

04 연립부등식

1 어떤 정수의 2배에서 5를 빼면 7 이하이고, 어떤 정수의 3배에서 7을 빼면 8 이상이라고 합니다. 이것을 연립부등식으로 적어 보세요.

다섯 번째 수업

05 삼각형과 부등식

1 삼각형의 세 변의 길이는 항상 삼각부등식을 만족합니다. 삼각부등식이란 무엇일까요?

여섯 번째 수업

06 사각형과 부등식

12cm의 철사로 가로, 세로의 길이가 자연수가 되는 직사각형을 만들었더니 아래와 같은 3가지 모양이 나왔습니다.

	가 로 (cm)	세 로 (cm)	차 이 (cm)
직사각형 A	1	5	4
직사각형 B	2	4	2
직사각형 C	3	3	0

각 변의 차이와 사각형 모양은 어떤 관련이 있을까요?

일곱 번째 수업

07 여러 가지 평균 이야기

1 평균에는 세 종류가 있습니다. 무엇일까요?

2 다음 그림에서 왼쪽 물체의 질량을 x라고 할 때, 성립하는 식을 쓰세요.

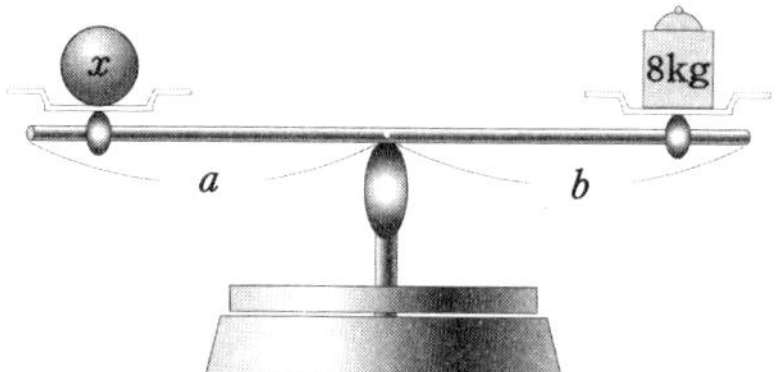

3 여학생이 3초 동안 초속 5m의 속력으로 가다가 다음 3초 동안 초속 7m의 속력으로 갔습니다. 6초 동안의 속력을 구해 보세요.

① 처음 3초 동안 간 거리는 얼마인가요?

② 다음 3초 동안 간 거리는 얼마인가요?

③ 그렇다면 전체 움직인 거리는 얼마인가요?

④ 6초 동안 움직인 거리를 구하는 식을 적어 보세요.

여덟 번째 수업

08 재미있는 부등식

1 숫자 2, 8의 3가지 평균값을 각각 구해 보세요.

① 산술평균

② 기하평균

③ 조화평균

2 양수 A, B에 대해 A+B의 최솟값은 얼마일까요?

032

란트슈타이너가 들려주는 **혈액형** 이야기

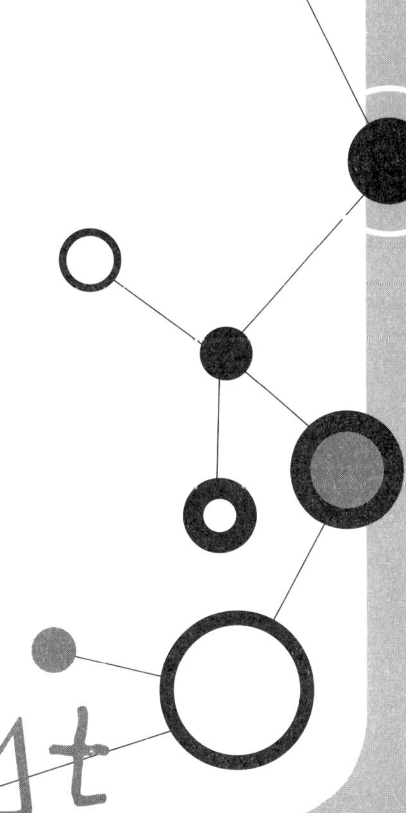

첫 번째 수업

01 혈액형이 뭐지?

왜 혈액형 검사를 하는 걸까요?

두 번째 수업

02 생명의 경이로움

1 다음은 혈액을 이루는 적혈구와 백혈구, 혈소판이 하는 일에 대한 설명입니다. 바르게 연결하세요.

적혈구 •	• 다쳤을 때 피를 멈추게 하는 일
혈소판 •	• 온몸의 세포들에게 산소를 운반하는 일
백혈구 •	• 외부에서 세균, 바이러스 등의 공격을 방어하는 일

2 란트슈타이너가 1900년에 발견한 ABO식 혈액형은 우리가 갖고 있는 대부분의 혈액형 종류입니다. 그렇다면 인종별로 유난히 많이 갖고 있는 혈액형이 있을까요?

POINT

혈액 세포들은 골수에서 만들어집니다. 단단한 뼛속의 깊고 안전한 곳에 자리 잡은 골수에서 적혈구, 백혈구, 혈소판이 만들어집니다.

세 번째 수업

03 1667년 파리에서

1 블런델은 최초로 사람의 피를 수혈하는 데 성공한 사람입니다. 그런데 수혈을 받은 사람 중에는 부작용이 나타나는 사람도 있습니다. 부작용에는 주로 어떤 증상이 있나요?

POINT

블런델은 수혈을 위해 혈액 제공자의 동맥과 환자의 정맥을 서로 연결한 복잡한 특수 장치를 만들어 사용했습니다. 피는 혈관 밖으로 나오면 응고되기 때문에 그 전에 재빨리 환자의 정맥 속으로 주입하기 위해서 이 방법을 개발한 것입니다.

네 번째 수업

04 적혈구의 신기한 응집

1 ABO식 혈액형은 각각 적혈구의 항원 모습이 다릅니다. 그러면 다른 혈액형을 수혈받았을 때 부작용이 생기는 이유는 무엇 때문일까요? 혈액형이 O형인 사람과 AB형인 사람은 각각 어떤 응집소를 가지고 있나요?

POINT

사람의 혈액 속에는 다른 사람의 적혈구를 응집시키는 물질인 응집소(agglutinin)가 존재하고, 응집소에는 응집소 알파(α)와 응집소(β), 두 가지가 있습니다.

다섯 번째 수업

05 항원과 항체

1 세균과 바이러스가 계속해서 우리의 몸에 침투해도 우리가 건강을 유지할 수 있는 이유는 무엇 때문인가요?

2 항원과 항체에 대해 설명해 보세요.

POINT

면역 시스템은 우리 몸에 들어온 침입자들, 즉 세균이나 바이러스를 공격하여 우리 몸을 지키는 강력한 방어 능력입니다.

3 수혈을 할 때 혈액형을 맞춘다는 말은 '똑같은' 혈액을 수혈한다는 말입니다. A, B, O, AB형은 각각 어떤 혈액형을 수혈받을 수 있는지 그림을 그리고 설명해 보세요.

여섯 번째 수업

06 혈액형의 정체

1 수혈 말고 장기 이식을 할 때에도 혈액형을 맞추어야 합니다. 혈액 외에 또 어디에 혈액형이 존재하나요?

2 혈액형은 부모님으로부터 유전되는데, 희귀 혈액병이 나오는 원인은 무엇인가요?

3 침이나 위장의 분비물에도 혈액형이 있다고 합니다. 그럼 우리나라 사람들이 국이나 찌개 등의 음식을 함께 먹을 때 혹시 병균이 옮지는 않을까요?

POINT

ABO 혈액형은 탄수화물의 일종인 당사슬로 이루어져 있습니다. 세포 표면에 존재하는 수많은 당사슬 속에 바로 ABO 혈액형이 있는 것입니다. 당사슬은 당분으로 이루어진 사슬입니다.

일곱 번째 수업

07 수많은 혈액형들

1 지금까지 우리가 알고 있는 일반적인 혈액형 이외에도 많은 혈액형이 있습니다. 어떤 것들이 있나요?

여덟 번째 수업

08 혈액은행의 탄생

1 혈액은행이 하는 일을 설명해 보세요.

2 월터가 플라스틱 혈액 백(bag)을 발명함으로써 현대 수혈 의학 발전에 대단한 기여를 했습니다. 특히 '성분 수혈' 을 할 수 있게 되었는데, 성분 수혈이란 어떤 건가요?

POINT

드물긴 하지만, 어떤 사람들에게서 ABO와 Rh 혈액형 이외의 적혈구 항원들에 대한 항체가 만들어지는데, 이런 항체를 '비예기 항체' 라고 부릅니다.

아홉 번째 수업

09 헌혈은 생명을 살리는 아름다운 실천

1 헌혈을 하면 다른 사람에게 어떤 도움을 줄 수 있나요?

마지막 수업

10 혈액형에 대한 고민

혈액형이 바뀌기도 하나요?

혈액형이 성격이나 건강에 영향을 끼친다는 이야기가 사실일까요?

033

보어가 들려주는 원자 모형 이야기

PV=nRT

W=F·S

Q=c·m·Δt

첫 번째 수업

01 물질과 원자

1 엠페도클레스는 4원소론을 주장하며 세상의 물질은 네 가지 원소로 이루어졌다고 말했습니다. 그 네 가지 원소는 각각 무엇인가요?

2 1808년, 돌턴은 원자론을 주장했습니다. 4원소론과 원자론의 가장 큰 차이점은 무엇인가요?

3 원자 모형을 설명할 때 배수 비례의 법칙이 있어야 쉽게 이해할 수 있습니다. 배수 비례의 법칙은 무엇인가요?

두 번째 수업

02 엑스선과 방사선 – 원자가 쪼개진다

1 베크렐은 우라늄을 가만히 놓아두어도 감마선이 나온다는 사실을 발견했습니다. 이것은 거의 100년 동안 원자는 더 이상 쪼개지지 않는 가장 작은 알갱이라고 믿어 왔던 과학적 사실이 틀릴 수 있다는 것을 발견한 것과 같습니다. 그 이유는 무엇인가요?

POINT

1895년, 독일의 과학자 뢴트겐은 금속에서 엑스선이라는 강한 빛이 나온다는 것을 발견했습니다. 뢴트겐은 음극선관을 이용한 실험을 하다가 우연히 두꺼운 종이도 통과하는 강한 빛이 나오는 것을 발견하고 이를 엑스선이라고 불렀습니다.

2 1901년 제1회 노벨 물리학상은 뢴트겐이, 1903년 제2회 노벨 물리학상은 베크렐과 퀴리 부부가 받았습니다. 이들의 공통된 공로는 무엇인가요?

세 번째 수업

03 전자와 양성자의 발견

1 밤이 되면 네온사인이 도시 전체를 환하게 밝혀 줍니다. 이 네온사인은 어떻게 만드는 것일까요?

POINT

과학자들은 1900년대 초부터 원자가 양성자와 전자로 이루어졌다고 생각하게 되었습니다. 원자를 구성하고 있는 입자 중의 하나인 중성자는 이보다 훨씬 뒤인 1932년이 되어서야 채드윅이라는 과학자에 의해 발견되었습니다.

2 과학자들은 기체를 넣은 유리관 벽에 형광 물질을 발라 전기를 통하게 해 미립자를 관찰했습니다. 왜 형광 물질을 발랐을까요?

3 기체를 넣은 유리관 양 끝에 전기를 통하게 한 후 음극과 양극 중간에 고체 물질을 놓았습니다. 그러자 맞은편에 물체의 그림자가 생겼습니다. 이를 통해 알 수 있는 사실은 무엇인가요?

네 번째 수업

04 톰슨의 원자 모형

1. 보통의 원자는 전기를 띠지 않습니다. 하지만 이런 원자도 때로는 양전기나 음전기를 띨 때가 있습니다. 이것은 무엇 때문인가요?

2. 양전기나 음전기를 띠는 원자를 무엇이라고 하나요?

3 톰슨의 원자 모형을 호박떡 모형 혹은 건포도 모형이라고 부릅니다. 톰슨은 원자 속에 들어 있는 전자가 단단하게 박혀 있는 것이 아니라 느슨하게 박혀 있다고 생각했습니다. 무엇 때문에 그렇게 생각했을까요?

다섯 번째 수업

05 러더퍼드의 원자 모형

1 러더퍼드는 원자 모형을 알아내기 위해 금박에 알파 입자를 통과시켰습니다. 이때 몇몇 알파 입자는 아주 큰 각도로 튕겨 나갔고 어떤 알파 입자는 뒤쪽으로 튕겨 나오기도 했습니다. 이 실험을 통해 알아낸 사실은 무엇인가요?

POINT

러더퍼드는 방사성 원소에서 나오는 방사선이 알파선과 베타선, 감마선이라는 세 가지 성분을 가지고 있다는 사실을 밝혀냈습니다. 또한 방사성 물질이 방사선을 내고 다른 원소로 바뀌어 간다는 것도 알아냈습니다.

2 원자가 전기를 띠지 않기 위해서는 핵 속에 들어 있는 양성자의 수와 원자핵 주위를 돌고 있는 전자의 수가 같아야 합니다. 원자의 원자 번호는 무엇으로 결정되나요?

여섯 번째 수업

06 플랑크의 양자 가설

1 빛의 파장과 온도는 어떤 관련이 있나요?

2 얇은 종이는 통과하지 못하는 빛이 두꺼운 유리를 통과하는 까닭은 무엇인가요?

일곱 번째 수업

07 보어의 원자 모형

1 수소 원자 안에 있는 전자가 가질 수 있는 에너지의 최솟값은 $-13.6eV$입니다. 이보다 조금 더 큰 에너지는 $-13.6/4eV$, 다음으로 큰 에너지는 $-13.6/9eV$, 그다음은 $-13.6/16eV$입니다. 이것을 통해 알 수 있는 n번째 에너지 준위의 에너지 값은 얼마인가요?

2 수소 원자에서 나오는 빛들은 몇 가지 계열을 이루고 있습니다. 그중 대표적인 세 가지가 라이먼 계열, 발머 계열, 파셴 계열입니다. 각각은 어떤 빛인가요?

POINT

라이먼 계열은 전자가 가장 낮은 에너지 준위로 떨어질 때 내는 빛이고, 발머 계열은 두 번째 낮은 에너지 준위로 떨어질 때 나오는 빛이며, 파셴 계열은 세 번째 낮은 에너지 준위로 떨어질 때 나오는 빛입니다.

여덟 번째 수업

08 양자 물리학의 등장

1 에너지는 덩어리로 되어 있습니다. 또한 질량이나 속도, 가속도, 운동량과 같은 물리량도 덩어리를 이루고 있습니다. 이것은 어떤 사실을 의미하나요?

2 양자 물리학에는 뉴턴 역학과는 전혀 다른 문제가 있었습니다. 이 문제는 무엇이었으며, 이것을 어떤 방식으로 해결했나요?

마지막 수업

09 양자 역학적 원자 모형

1 양자수에는 주양자수, 부양자수, 자기양자수 등이 있습니다. 각각은 무엇을 나타내나요?

2 전기장이나 자기장 속에서 전자들의 에너지는 조금씩 달라집니다. 그 까닭은 무엇인가요?

POINT

양자 역학적 원자 모형은 원자의 성질을 이해하여 원자에서 일어나는 일들을 실생활에 응용할 수 있는 길을 열어 놓았습니다. 그중 하나가 바로 레이저입니다.

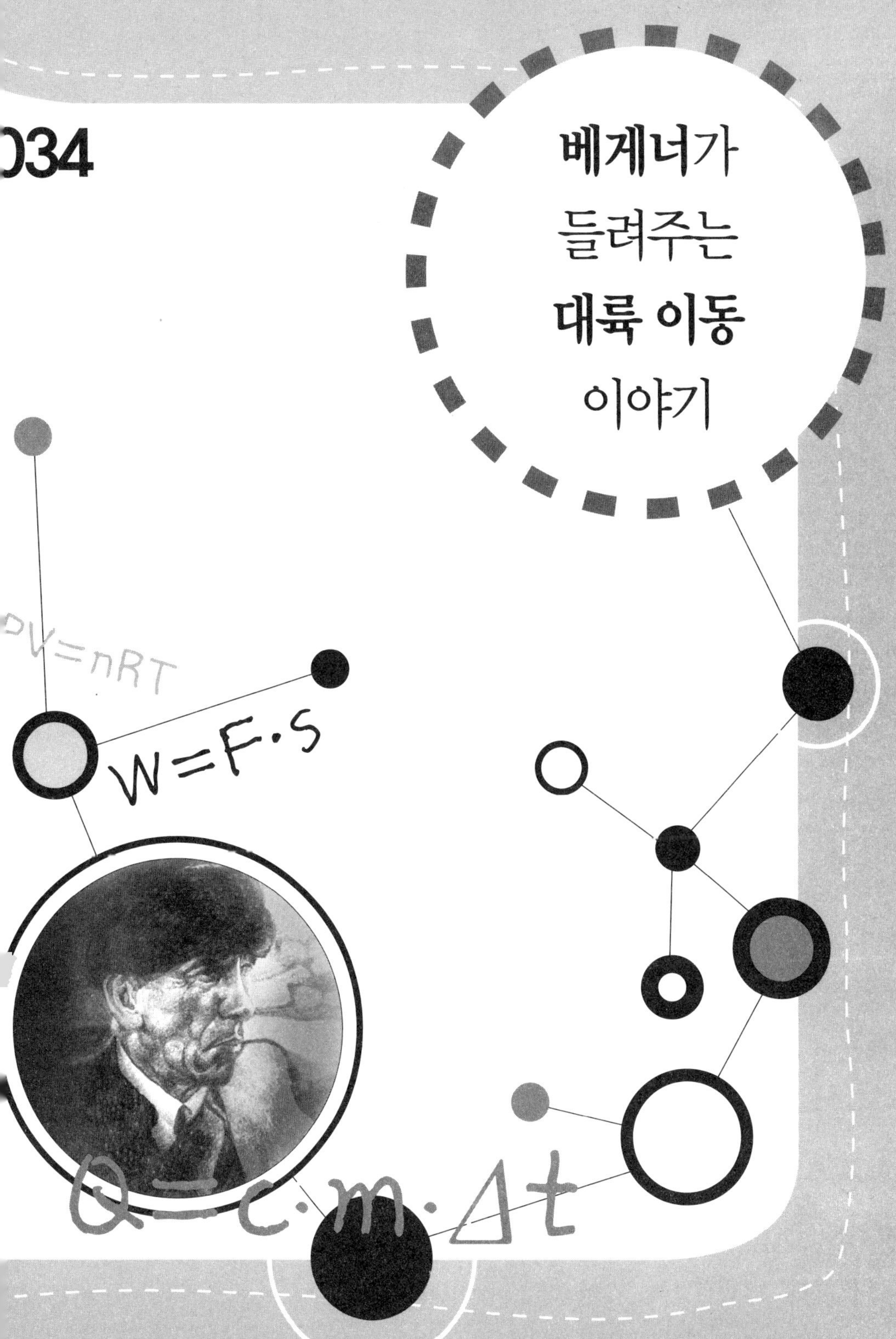

034
베게너가
들려주는
대륙 이동
이야기
PV=nRT
W=F·S
Q=c·m·Δt

첫 번째 수업

01 해안선이 닮았네요

1 대륙들의 해안선이 닮았다는 것에서 베게너는 어떤 사실을 추리해 냈나요?

2 지금도 만약 3억 년 전처럼 판게아와 판달라사로만 이루어졌다면 우리들의 생활은 어떻게 달라졌을까요?

02 메소사우루스

1. 대륙이 이동했다는 것은 화석을 통해서도 알 수가 있습니다. 화석을 통해 어떻게 알 수 있을까요?

세 번째 수업

03 대서양에 거대한 육교가 있었을까요?

1 전혀 다른 지역에서 같은 동물 화석이 발견됐다는 사실을 사람들은 처음에 '육교설'로 설명했습니다. 그런데 베게너가 보기에 육교설은 말이 안 되는 이론이었습니다. 왜 그런지 이유를 설명해 보세요.

네 번째 수업

04 적도에 빙하가 있었나요?

1 적도는 지구에서 가장 더운 지역입니다. 그런 적도에도 빙하의 흔적이 많이 남아 있습니다. 어떻게 그런 흔적이 남아 있는지 그 이유를 설명해 보세요.

다섯 번째 수업

05 무엇이 대륙을 이동시키나요?

1 엄청나게 무거운 대륙을 이동시킨 힘은 무엇인가요?

POINT

맨틀 위에 대륙이 있고, 대륙은 맨틀의 순환 과정에서 생기는 수평의 이동에 실려 움직일 수 있다는 이론을 맨틀 대류설이라고 합니다.

2 베게너의 이론이 과학자들에게 처음에 외면당했습니다. 그 이유는 무엇인가요?

여섯 번째 수업

06 산맥은 어떻게 만들어지나요?

1 홈스의 맨틀 대류설에 의해 산맥들이 생겨난 과정을 설명해 보세요.

POINT

조산 운동이란 산맥을 만드는 지각 변동을 말합니다.

2 우리가 느끼지 못하지만 지금도 대륙은 움직이고 있습니다. 우리가 느낄 수 있을 만큼 대륙들이 움직인다면 어떤 일이 생길까요?

일곱 번째 수업

07 해저가 갈라져요

1 과학계에서 외면당했던 맨틀 대류설과 대륙 이동설이 다시 인정받을 수 있었던 것은 어떤 관찰의 결과 때문인가요?

POINT

해저 산맥의 솟은 정상부를 해령이라고 하고, 아주 깊은 골짜기를 해구라고 부릅니다.

마지막 수업

09 땅의 컨베이어 벨트

1 해령을 중심으로 줄무늬 모양이 완전히 대칭을 이루는 이유는 어떤 원리 때문인가요?

2 계속 대륙이 이동해서 지금보다 더 작은 대륙들로 나눠진다면 어떤 일이 생길지 생각해 보세요.

035

윌머트가 들려주는 복제 이야기

PV=nRT

W=F·S

Q=c·m·Δt

첫 번째 수업

01 복제가 뭐죠?

생물학에서 복제란 무엇인지 적어 보세요.

POINT

생물을 복제하는 것은 무생물을 복제하는 것과는 비교도 안 될 정도로 어렵습니다.

두 번째 수업

02 식물도 복제가 되나요?

1 맛있는 사과를 먹기 위한 방법 중 클론을 만드는 방법을 설명해 보세요.

2 영양 생식이란 씨로 번식하지 않고 식물의 일부분으로 번식하는 방법인데, 이 방법의 장점은 무엇일까요?

세 번째 수업

03 발생에 관한 의문

1. 수정란에서 완전한 동물이 생기는 현상을 관찰할 때 포유류보다 양서류를 대상으로 하는 이유는 무엇일까요?

2. 슈페만은 도롱뇽의 배를 두 개로 분리하는 데 성공하여 성게로 연구한 드리슈의 주장이 옳다는 것을 증명해 냈습니다. 슈페만의 실험으로 증명된 결과를 적어 보세요.

04 복제의 역사

1 브리그스가 개구리 배아 세포의 핵 이식으로 개구리를 복제하는 실험을 통해 알게 된 사실은 무엇인가요?

2 복제양 돌리가 복제 연구에서 가지는 의의는 무엇인가요?

다섯 번째 수업

05 복제양 돌리를 만들어 볼까요?

1 복제양 돌리 이전에는 다 자란 동물의 복제가 성공하지 못했는데, 그 이유는 무엇인가요?

2 복제를 하기 위해서는 제일 먼저 복제할 대상의 체세포를 빼내야 합니다. 그때 사용해서는 안 되는 세포 세 종류는 무엇인가요?

여섯 번째 수업

06 복제된 것인지 알 수 있는 방법

자연적인 탄생과 복제 탄생을 어떻게 구분하나요?

POINT

DNA는 유전 형질을 전달하는 복잡한 유기 화학적 분자 구조로, 모든 살아 있는 세포에서 볼 수 있으며, 사람의 지문처럼 모두 다릅니다.

일곱 번째 수업

07 복제로 할 수 있는 일

1 멸종된 공룡을 복제하기 위해 공룡의 피를 빤 모기에서 공룡의 DNA를 찾아 복제하는 것은 가능한 일일까요?

2 위 1번의 경우보다 멸종 위기에 처한 동물일 경우에 복제 성공 가능성이 높습니다. 이러한 복제 기술이 생태계에 미칠 수 있는 영향에 대해 적어 보세요.

3 복제 동물을 의료용으로 선택하는 데 있어 돼지를 선호하는 이유는 무엇인가요?

4 동물의 장기 이식으로 생길 수 있는 문제는 무엇인가요?

여덟 번째 수업

08 복제 인간을 만들 수 있어요

1 복제 인간을 만든다면 재능이 있는 유전자를 복제하려고 할 텐데 그렇다고 반드시 복제 인간도 똑같은 재능을 타고 날까요?

인간 복제를 반대하는 사람이 있습니다. 반대 이유를 윤리적, 도덕적, 기술적, 법률적 문제로 구분해서 적어 보세요.

구분	문제점
윤리적	
도덕적	
기술적	
법률적	

마지막 수업

09 복제의 문제점은 무엇일까요?

1 복제양 돌리를 만든 이후 나타난 복제의 문제점에는 어떤 것이 있는지 적어 보세요.

036

다윈이 들려주는 **진화** 이야기

PV=nRT

W=F·S

Q=c·m·Δt

첫 번째 수업

01 생명의 다양성과 단일성

지상에는 수많은 종이 있습니다. 주변의 생물을 동물, 식물, 미생물로 구분하여 어떤 것들이 있는지 찾아보세요.

구분	종류
동물	
식물	
미생물	

POINT

생물과 생물은 서로 유사한 점이 있습니다. 가장 하등하다고 여겨지는 대장균부터 짚신벌레, 악어, 사람에 이르기까지 모든 생물은 세포로 이루어져 있고, 이들은 모두 생명체를 유지하기 위해 물질을 합성하고 분해하는 유사한 과정으로 생명을 지속합니다.

두 번째 수업

02 진화의 증거

1 흔적 기관이란 무엇인가요?

2 사람이나 동물이 진화한 흔적을 볼 수 있는 부분은 무엇인가요?

① 사람 :

② 동물(뱀이나 고래) :

3 고래는 육상 동물이었으나 수중 생활에 적응되면서 뒷다리를 잃게 되었습니다. 아직 유전적 잠재력이 있다고 한다면 환경이나 훈련에 의해 육상에서 살 수 있게 할 수 있을까요?

POINT

진화는 가설이라고 말하는 사람들이 있습니다. 하지만 진화의 흔적을 통해 진화의 증거를 찾을 수 있습니다. 화석이나 흔적 기관 등은 생물들이 어떻게 진화해 왔는지 알 수 있게 해 줍니다.

세 번째 수업

03 기린의 목은 어떻게 길어졌는가?

1 프랑스 박물학자 라마르크가 화석과 현존하는 생물의 다양성을 설명한 용불용설은 어떤 것인가요?

2 기린의 목이 길어진 이유를 자연 선택설로 설명해 보세요.

POINT

진화론에는 사용하지 않는 기관은 퇴화되고 사용하는 기관은 진화한다는 라마르크의 용불용설과 우수한 형질을 가진 동물들이 살아남고 우수한 형질이 계속 유전되어 자연적으로 선택된 동물이 살아남는다는 다윈의 자연 선택설이 있습니다.

3 '획득 형질은 유전되지 않는다' 는 말은 부모가 노력으로 얻는 특징이나 재주는 유전되지 않는다는 말입니다. 그렇다면 부모에게서 자식에게 유전되는 것은 어떤 것들일까요?

네 번째 수업

04 진화란 무엇인가?

1 진화와 변화는 어떻게 다른지 설명하고 예를 들어 보세요.

POINT

진화란 한 생물의 일생에 걸친 변화(즉 변태나 성장)가 아니라, 집단 내에서의 유전자의 빈도 변화입니다. 즉 어떤 한 개체의 변화가 아니라 개체들이 모인 집단의 변화입니다.

2 인간은 네 발로 기는 단계에서 두 손이 자유로워지고, 그로 인해 지능이 발달하면서 진화를 해 왔습니다. 앞으로도 인간의 모습은 환경이나 습관에 의해 변할 수 있습니다. 어떤 변화가 있을지 상상해 보세요.

05 유전자풀

유전자풀이란 무엇인가요?

POINT

진화는 유전자풀에서의 변화를 말합니다.

여섯 번째 수업

06 진화를 야기하는 요인

1 유전자풀의 변화를 일으키는 원인은 여러 가지가 있는데, 그중 돌연변이에 의한 유전자풀의 변화에 대해 써 보세요.

2 진화를 야기하는 요인에는 어떤 것이 있나요?

마지막 수업

07 종이란 무엇인가?

1. 종을 구분하는 기준은 무엇인가요?

POINT

종을 구분하는 기준은 다양합니다. 또한 새로운 종의 형성에서 결정적인 과정은 어버이 종의 유전자풀이 두 개의 유전자풀로 분리되는 것이라고 할 수 있습니다. 분리된 후 각기 독립적으로 돌연변이, 유전적 부동 등이 작용하게 되면 새로운 종으로 분화되는 것입니다.

037
코리올리가
들려주는
대기 현상
이야기
PV=nRT
W=F·S
UV-A
visible light
Q=c·m·Δt

첫 번째 수업

01 지구 대기와 오로라

대기권은 크게 네 부분으로 나눌 수 있습니다. 각 부분의 이름과 맞는 설명을 연결해 보세요.

대류권 •	• 대기권에서 가장 낮은 온도까지 내려가는 곳
성층권 •	• 비와 눈이 내리는 대기 현상이 나타나는 곳
중간권 •	• 오로라가 생기고 인공위성이 떠 있는 곳
열권 •	• 오존층이 있어서 자외선을 흡수하는 곳

오로라는 주로 극지방에서 관찰됩니다. 왜 그런가요?

POINT

지구에 있는 대기를 지구 대기라고 하고, 지구 표면을 둘러싸고 있는 대기층을 '대기권'이라고 합니다. 오로라는 전기를 띤 작은 입자들이 열권 언저리에 머물고 있는 지구 대기와 마찰하면서 형형색색의 영롱한 불꽃을 만들어 보이는 현상입니다.

02 대기 순환과 전향력

1 지구 대기는 왜 순환하는 것일까요? 지구 대기가 순환하지 않을 때의 상황을 생각해 보세요.

2 대기와 바람은 진행 방향의 오른쪽으로 휘어집니다. 이런 현상은 왜 일어나는 것인가요?

POINT

지구 대기는 질소, 산소, 수소, 헬륨, 오존, 이산화탄소 등 다양한 기체들로 이루어져 있습니다. 그런데도 지구 곳곳에서 대기의 기체 구성 비율을 조사해 보면 큰 차이가 없습니다. 이것은 대류 현상에 의해 위아래 층의 대기가 골고루 섞이기 때문입니다.

03 오존과 온실 효과

1 대기권의 오존층이 파괴되면 지상으로 많은 자외선이 내려올 것입니다. 이 경우 우리 생활에 미치게 될 영향에 대하여 이야기해 보세요.

2 현재 전체적으로 지구의 온도가 조금씩 올라가고 있습니다. 이는 지구가 태양으로부터 받은 빛을 반사해서 내보내는 것을 이산화탄소가 막고 있기 때문입니다. 이렇게 지구 온난화가 계속될 경우 어떤 일이 일어날까요?

네 번째 수업

04 대기 오염과 관련하여

1 도시에 자욱한 스모그가 생기는 이유는 무엇인가요?

2 산성비가 주는 피해에는 어떤 것이 있나요?

POINT

대기 오염은 광화학 스모그와 산성비를 낳는 주요인입니다.
이산화황, 일산화탄소, 질소 산화물, 탄화수소, 분진은 대기 속을 누비며 우리의 호흡을 힘들게 하고 있습니다.

05 비와 관련하여

1 여름철 우리를 깜짝 놀라게 하는 번개는 직선이 아닌 지그재그 모양으로 지상에 내려옵니다. 번개의 모양이 지그재그인 이유는 무엇인가요?

2 번개가 친 뒤에는 반드시 천둥이 칩니다. 법칙처럼 일어나는 이 현상은 번개와 천둥의 어떤 차이 때문에 생기는 것인가요?

여섯 번째 수업

06 태풍

태풍이 많은 피해를 주기도 하지만 긍정적인 역할을 하는 부분도 있습니다. 태풍의 긍정적인 역할과 부정적인 역할은 각각 무엇인가요?

긍정적인 역할 –

부정적인 역할 –

태풍은 발생 지역이 어디냐에 따라 네 종류로 나뉩니다. 북태평양의 남부 서해상이면 태풍, 북대서양의 서인도 제도와 멕시코 만, 플로리다 인근이면 허리케인, 북인도양의 벵골 만과 아라비아해 일대면 사이클론, 오스트레일리아 인근이면 윌리윌리라고 부릅니다.

2 태풍의 이름은 현재 아시아 14개국에서 정한 이름들을 쭉 돌아가면서 사용하고 있습니다. 태풍의 이름 중에 '나비'는 우리나라에서 지은 이름입니다. 태풍이 많은 피해를 주지 않기를 기원하면서 태풍의 이름을 지어 보세요.

3 태풍이 지나갈 때 주변의 모든 것이 태풍 중심으로 빨려 들어가는 원리를 설명해 보세요.

07 눈의 이모저모

1 함박눈이 내리면 포근하다고 말합니다. '눈' 과 '포근함' 은 어울리지 않는데 함박눈이 내리면 왜 포근하다고 할까요?

POINT

구름 속 물 분자가 액체 상태로 달라붙어서 지상으로 떨어지는 것이 바로 비이고, 고체 상태로 떨어지는 것이 눈입니다. 눈이 내리려면 물방울이 얼어야 할 테니 기온은 영하이어야 하고, 수증기가 대기 중에 충분히 퍼져 있어야 합니다.

2 눈이 내려서 좋은 점은 무엇이고, 나쁜 점은 무엇일까요?

08 엘니뇨와 이상 기후

1 엘니뇨와 라니냐는 서로 정반대의 성격을 가진 기상 이변입니다. 엘니뇨와 라니냐의 성격을 각각 설명해 보세요.

아홉 번째 수업

09 대기 안정과 관련하여

온난 전선과 한랭 전선의 특징을 각각 [보기]에서 찾아 고르세요.

[보기]

소나기, 보슬비, 적운형 구름, 층운형 구름, 기온 하강,
기온 상승, 완만한 형태, 급경사 형태

온난 전선 –

한랭 전선 –

POINT

대기는 상승과 하강을 하면서, '단열 팽창'과 '단열 수축'을 합니다. 단열이란, 열을 차단한다는 뜻입니다. 즉 팽창과 수축을 하면서 내부의 열은 처음 그대로를 유지한다는 의미입니다.

2 다음은 단열 수축과 단열 팽창 현상을 표로 나타낸 것입니다. 빈칸에 알맞은 말을 적으세요.

	공기가 위로 올라가요.	공기가 아래로 내려와요.
밀도		
부피		
온도		

단열 (　　　　　)　　　　　단열 (　　　　　)

마지막 수업

10 일기 예측과 관련하여

1 정확한 일기 예보가 중요한 이유에 대한 여러분의 생각을 정리하여 적어 보세요.

038

페르미가 들려주는 **핵분열, 핵융합** 이야기

pV=nRT

W=F·S

Q=c·m·Δt

첫 번째 수업

01 연쇄 반응의 가능성과 핵분열의 탄생

1 핵반응에는 두 가지가 있습니다. 각각 무엇일까요? 그 대표적 예도 들어 보세요.

2 핵은 전체적으로 양(+)의 전기를 띠게 되는데 왜 그럴까요?

3 우라늄에는 질량수가 235와 238인 원소가 있습니다. 우라늄-235와 우라늄-238의 핵 속에는 똑같이 92개씩의 양성자가 들어 있습니다. 그런데 질량수가 다른 까닭은 무엇일까요?

POINT

핵반응에는 핵이 나누어지는 반응과 핵이 합쳐지는 반응이 있습니다. 이 핵이 갖고 있는 잠재 에너지는 어마어마합니다. 이것을 끄집어낼 수 있는 것이 바로 연쇄 반응이고, 그 중심에 중성자가 있습니다.

02 질량 – 에너지 등가 원리

1 질량 – 에너지 등가 원리는 세상에서 가장 유명한 아인슈타인의 공식, $E=mc^2$의 다른 이름입니다. $E=mc^2$에서 E, m, c는 각각 무엇을 나타내나요?

POINT

질량은 에너지로 바뀔 수 있습니다.
에너지도 질량으로 바뀔 수 있습니다.
질량과 에너지는 같은 것으로 다만 표현이 다른 것일 뿐입니다.

세 번째 수업

03 세계 최초의 원자로 탄생과 가동

1 파라핀 속에는 수소가 듬뿍 들어 있습니다. 파라핀 속 수소와 중성자가 충돌하면 중성자는 많은 에너지를 잃게 됩니다. 그러면 중성자 속도는 어떻게 될까요? 그 상태가 유지되면 중성자와 수소의 반응 확률이 높아지는데 왜일까요?

POINT

방사선이 많이 나오는 건 중성자의 속도가 느려졌기 때문입니다. 속도가 느린 걸 저속이라고 하며 속도가 느려진 중성자를 저속 중성자라고 부릅니다. 저속 중성자는 핵반응의 확률을 대폭적으로 높여 줍니다.

네 번째 수업

04 또 하나의 핵분열 원소, 플루토늄

1 우라늄-235의 분리와 같은, 동위 원소 방법을 사용하지 않고도 핵 원료를 얻을 수 있는 길을 열어 준 것은 어떤 원소 때문일까요?

POINT

플루토늄-239는 양성자 94개, 중성자 145개를 갖고 있는 핵분열성 물질로 자연계에는 존재하지 않는 방사성 원소입니다. 이러한 원소는 천연적으로 존재하지 않고 인공적으로 만든 인공 방사성 원소입니다.

다섯 번째 수업

05 임계 질량과 첫 원폭 실험

1 핵분열이 일어나려면 일정한 상태에 도달해야 합니다. 이것을 어떤 상태라고 하나요? 또 핵분열을 일으키기 위해 필요한 적정한 양을 무엇이라고 하나요?

2 원자 폭탄은 두 가지 방법으로 만들 수 있습니다. 각각 어떤 원소를 사용하나요?

POINT

핵분열을 일으키려면 적정한 양의 우라늄이나 플루토늄이 필요합니다.
핵분열 임계 상태 : 핵분열을 일정하게 유지시켜 주는 상태.
핵분열 임계 질량 : 연쇄 반응을 일으키는 데 필요한 적정 질량.

06 아인슈타인과 원자 폭탄

1 러셀 – 아인슈타인 선언문은 모든 국가가 핵무기를 폐기하고 더는 전쟁을 하지 말 것을 요구했습니다. 여러분도 핵무기를 보유한 여러 나라에 핵 폐기에 대한 호소문을 써 보세요.

일곱 번째 수업

07 핵 참사와 핵폐기물

핵폐기물에는 어떤 것들이 있나요?

POINT

방사성 물질을 약간이라도 포함하고 있는 폐기물을 핵폐기물(또는 방사성 폐기물)이라고 부릅니다. 핵폐기물은 방사선의 양이 어느 정도이냐에 따라 저준위 폐기물, 중준위 폐기물, 고준위 폐기물로 구분합니다.

2 원자로에서 타고 남은 핵연료는 강력한 방사선을 내는 고준위 핵폐기물입니다. 이것을 특별히 잘 보관해야 하는 까닭은 무엇일까요?

08 핵융합

1 핵융합을 영어로 뉴클리어 퓨전(nuclear fusion)이라고 합니다. 그러나 핵융합은 미완의 핵반응입니다. 핵융합 반응을 아직까지 실현시키지 못하고 있는 까닭은 무엇 때문일까요?

POINT

핵융합 반응은 그 원료가 수소이기 때문에 공해가 없고, 원료가 풍부하며 비싸질 않고, 사고시 위험이 극히 적어 진정한 꿈의 에너지로 불리고 있습니다.

09 태양과 수소 폭탄

1 태양은 수소로 가득 차 있습니다. 태양이 둥근 공 모양을 하고 있다는 것은 어떤 힘이 수소가 밖으로 나가지 못하도록 막고 있는 것이죠. 이 힘은 무엇일까요? 이 힘만 작용한다면 태양은 작아져야 할텐데 그렇지 않은 걸로 봐서 이 힘에 맞대응하는 또 다른 힘이 있다는 사실을 알 수 있습니다. 또 다른 이 힘은 또 무엇일까요?

POINT

태양의 내부는 수소가 가득하며, 수소끼리 합쳐서 열을 냅니다.

039

루이스가 들려주는 **산, 염기** 이야기

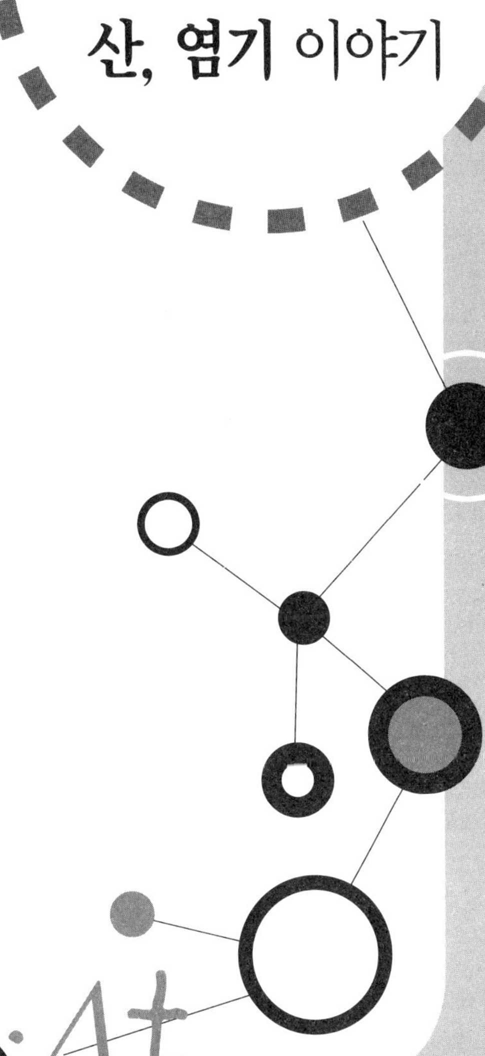

첫 번째 수업

01 역사 속의 산과 염기

1 라부아지에는 모든 산에 반드시 산소 성분이 포함되어 있다고 생각했습니다. 하지만 이 이론에는 치명적인 문제점이 있었습니다. 무엇일까요?

POINT

라부아지에는 산의 산소 근본설을 주장하였으나, 후에 데이비가 전기 분해 실험을 통해 산에서 산성을 드러내는 것은 산소가 아니라 수소임을 밝혔습니다.

02 이온이라는 것

1 소금과 같은 물질을 전해질, 설탕과 같은 물질은 비전해질이라고 합니다. 소금물은 전기가 통하지만, 설탕물은 전기가 통하지 않습니다. 이렇게 차이가 나는 까닭은 무엇일까요?

2 경기가 끝난 후 선수들이 이온 음료를 마시는 모습은 이제 흔한 풍경입니다. 이온 음료는 세 가지 목적에 맞춰 만들어졌습니다. 무엇일까요?

3 순수한 물은 전기를 통하지 않습니다. 그런데 물 묻은 손으로 전기 플러그를 만졌을 때 감전 사고가 일어나는 까닭은 무엇일까요?

세 번째 수업

03 아레니우스의 산과 염기라는 것

1 산과 염기를 구분해 볼까요? 산과 염기가 각각 물에 녹으면 어떤 변화가 생기나요?

2 산성이 너무 강하면 인체에 해를 입히기 쉽습니다. 그렇지만 산성이 약한 것은 먹어도 별 피해가 없습니다. 산의 세기를 나누는 기준은 무엇일까요?

네 번째 수업

04 산, 산, 산

1 염산은 우리 몸속에 들어 있는 친숙한 산이랍니다. 염산이 하는 역할은 무엇일까요?

2 즐겨 먹는 음료 대부분에는 탄산이 들어 있습니다. 톡톡 터지는 맛이 시원한 느낌을 주죠. 탄산은 어떻게 만들어질까요?

다섯 번째 수업

05 염기라는 것

1 환경 보호를 위해 폐식용유로 비누를 만들어 쓰는 가정이 늘고 있습니다. 그때 기름과 섞어 저어 주는 것이 바로 수산화나트륨입니다. 이런 방법으로 재생 비누를 만들 때 주의할 점이 있습니다. 금속 그릇을 사용하면 안 되고 재생 비누는 반드시 환기가 잘 되는 곳에서 만들어야 합니다. 왜일까요?

2 염기와 알칼리의 차이점은 무엇일까요?

여섯 번째 수업

06 pH와 지시약

1 산 염기 모두 그 세기가 다릅니다. 이것을 구분하는 산성의 척도는 pH인데, pH5와 pH2 중 어느 쪽이 더 센 산성인가요?

2 용액의 pH를 알아낼 수 있는 방법 중 쉽고 간단한 것은 무엇인가요?

일곱 번째 수업

07 산과 염기가 만나면

1 염산 용액에 BTP 지시약을 떨어뜨리면 무슨 색깔을 띠나요? 여기에 수산화나트륨 용액을 넣으면 pH7이되는데, 이때는 어떤 색깔로 변할까요?

2 산이 모두 중화되었는지 알아보는 방법에는 세 가지가 있습니다. 그 중 하나는 지시약을 사용하는 방법입니다. 나머지 두 가지는 무엇인가요?

여덟 번째 수업

08 양성자를 주고받는 산과 염기

1 다음은 공기 중에 있는 질소(N_2) 기체와 수소(H_2) 기체를 반응시켜 합성하는 반응식입니다. 어떤 성분이 만들어질까요?

$N_2 + 3H_2 \rightarrow ($ $\qquad\qquad\qquad$ $)$

2 위의 식대로 합성된 염기는 무엇에 활용되고 있나요?

마지막 수업

09 전자쌍을 주고받는 산과 염기

1 루이스가 고안해 낸 '옥텟 규칙(Octet rule)' 으로 불리는 '8의 규칙' 이란 무엇인가요?

POINT

루이스는 '전자쌍' 개념을 도입하여 브뢴스테드-로리의 정의를 확장시킨 산과 염기 이론을 만들었습니다. 즉, 산은 전자쌍 받게이고 염기는 전자쌍 주게입니다.

040

엥겔만이 들려주는 **광합성** 이야기

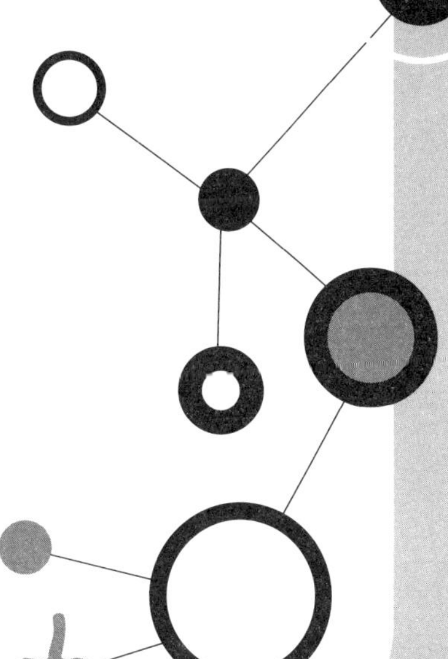

첫 번째 수업

01 고마워요, 광합성

1 식물이 광합성을 할 때 필요한 세 가지 요소는 무엇인가요? 광합성은 어떻게 이루어 지는지 알아 보세요.

2 1772년에 프리스틀리는 유리종에 쥐와 식물을 각각 넣었을 때는 모두 죽었지만, 함께 넣어 두면 신기하게도 둘 다 죽지 않는다는 사실을 발견했습니다. 어떻게 둘 다 살 수 있었을까요?

두 번째 수업

02 에너지가 필요해요

1 포도당은 $C_6H_{12}O_6$라고 씁니다. C, H, O는 각각 무엇을 나타내나요?

2 탄소를 생물체의 뼈대라고 하는 까닭은 무엇인가요?

03 빛을 모으는 안테나가 있어요

1 가시광선은 파장의 길이가 400nm에서 700nm 정도입니다. 가시광선 중 보라색 빛과 붉은색 빛으로 느끼는 지점은 각각 어디인가요?

2 유리종 안에 식물을 넣고 이산화탄소를 공급하며 광합성을 하도록 할 때 만일 초록의 셀로판지를 덮어 놓으면 어떻게 될까요?

네 번째 수업

04 이산화탄소와 물이 필요해요

1. 잎에는 기공이 있습니다. 기공의 크기는 작은데, 그 까닭은 무엇인가요?

2. 식물 뿌리에는 물관과 체관이 있습니다. 물관과 체관에는 각각 무엇이 이동할까요?

다섯 번째 수업

05 녹말로 저장해요

벤슨이 발견한 광합성 2단계를 설명해 보세요.

2 녹말에 요오드 반응을 시키면 어떤 변화가 생길까요?

여섯 번째 수업

06 숨 쉬기도 해요

1 아주 맑은 날, 광합성과 호흡이 같아지는 경우가 2회인데 언제와 언제일까요?

일곱 번째 수업

07 알맞은 온도와 이산화탄소가 있어요

고랭지에서 재배되는 작물에는 무, 배추, 약초, 씨감자 등이 있습니다. 고랭지에서 자라는 채소가 수확량이 많은 까닭은 무엇 때문일까요?

마지막 수업

08 한 번 가면 다시 안 와요

1 온실 효과 때문에 지구 평균 기온이 계속 올라가고 있습니다. 그렇게 되면 극지방의 빙하가 점점 얇아지면서 해수면이 상승합니다. 나중에는 도시와 농경지가 침수될 수 있습니다. '온실 효과'가 일어나는 까닭은 무엇일까요?

2 식량이 부족한 나라일수록 육식을 하지 말고 채식을 해야 합니다. 왜 그럴까요?

memo

memo

memo

memo

memo

memo

문제 풀이

031권 코시가 들려주는 부등식 이야기

01 첫 번째 수업

1 $a>b$: a는 b 초과
$a<b$: a는 b 미만
$a\geqq b$: a는 b 이상
$a\leqq b$: a는 b 이하

2 '$a>b$이면 $a-c>b-c$이다' 가 됩니다. 덧셈, 뺄셈의 경우에는 음수를 더하거나 빼도 부등호의 방향이 바뀌지 않습니다. 그러나 곱셈, 나눗셈의 경우, 음수를 곱하거나 나누면 부등호의 방향이 바뀝니다.

02 두 번째 수업

1 $2x<5+1$
$2x<6$
$x<3$

2 $5\leqq x+y\leqq 9$

03 세 번째 수업

1 $x+(x+1)+(x+2)>10$
$3x+3>10$
$3x>10-3$
$3x>7$
$x>\frac{7}{3}$

04 네 번째 수업

1 어떤 정수 : x

$$\begin{cases} 2x-5\leqq 7 \\ 3x-7\geqq 8 \end{cases}$$

05 다섯 번째 수업

1 어떤 두 변의 길이의 합도 다른 한 변의 길이보다 큰 것을 삼각부등식이라고 합니다. 이러한 삼각부등식을 만족하지 못하면 삼각형이 만들어질 수 없습니다.

06 여섯 번째 수업

1 각 변의 차이가 작을수록 정사각형에 가까워집니다.

07 일곱 번째 수업

1 산술평균, 기하평균, 조화평균이 있습니다.

2 $x \times a = 8 \times b$

3 ① 처음 3초 동안 간 거리(m)$=5\times3$

② 다음 3초 동안 간 거리(m)$=7\times3$

③ 전체 움직인 거리(m)는 $5\times3+7\times3$

④ 따라서 6초 동안의 속력(m/초)은,

$\frac{5\times3+7\times3}{6}$ 입니다.

08 마지막 수업

1 ① 산술평균$=\frac{2+8}{2}=5$

② $(\text{기하평균})^2=2\times8=16$

(기하평균)$=4$

③ 조화평균$=\frac{2\times2\times8}{2+8}=\frac{32}{10}=3.2$

2 $2\sqrt{AB}$

032권 란트슈타이너가 들려주는 혈액형 이야기

01 첫 번째 수업

1 혈액형을 알면 몸에 피가 부족하거나 이상이 있을 때 같은 혈액형을 수혈받을 수 있습니다. 다른 혈액형의 피를 수혈하면 수혈 부작용으로 죽을 수 있습니다. 그 밖에 자신만이 알고 있는 이유를 적어 보세요.

02 두 번째 수업

1 적혈구 — 온몸의 세포들에게 산소를 운반하는 일

혈소판 — 다쳤을 때 피를 멈추게 하는 일

백혈구 — 외부에서 세균, 바이러스 등의 공격을 방어하는 일

2 혈액형이 인종과 관계가 있다고 볼 수는 없지만 자신이 생각하는 마땅한 근거나 이유를 들어 설명해 보세요.

03 세 번째 수업

1 수혈한 적혈구가 용혈(적혈구가 파괴되는 현상)되거나 혈압이 떨어지거나 열이 나고, 황달이 생기고, 검은 소변이 나오고, 신장 기능이 저하되는 등 온몸에 부작용이 나타납니다. 심한 경우에는 환자가 죽기도 합니다.

04 네 번째 수업

1 다른 혈액형을 수혈받았을 때 부작용이 생기는 이유는 응집과 용혈이 일어나기 때문입니다. O형인 사람은 anti−A, anti−B 응집소 둘 다를 가지고 있습니다. AB형인 사람은 둘 다 없습니다.

05 다섯 번째 수업

1 백혈구로 구성된 면역 시스템이 우리의 몸을 지켜 주기 때문입니다.

2 항원이란 항체를 만들게 하는 원인 물질입니다. 우리가 이겨내야 할 적, 즉 바이러스나 세균 같은 물질 병원체를 말합니다. 항체는 항원 침입으로 혈청안에 형성된 물질입니다.

3

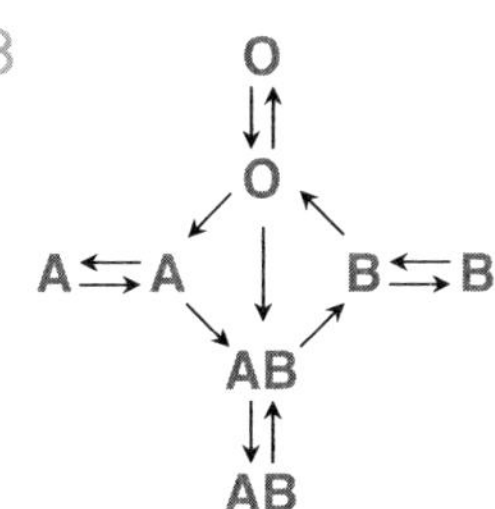

ABO식 혈액형의 수혈 관계

같은 혈액형끼리는 서로 주고받을 수 있으며, O형은 다른 혈액형에게 줄 수 있고, AB형은 다른 혈액형으로부터 받을 수 있다. 그러나 혈액형이 같은 혈액을 수혈하는 것이 원칙이다.

06 여섯 번째 수업

1 세균, 혈장(혈액의 액체 성분), 입안의 침, 위장 속의 분비물에도 ABO식 혈액형이 존재합니다.

2 부모님 이전 조상 중에 보균 유전자를 가지고 있을 경우, 작은 확률이지만 희귀 혈액병이 나올 수 있습니다.

3 크게 영향을 받지는 않지만 건강상이나 미관상 좋아 보이지는 않습니다. 자신의 생각을 정리하여 적어 보세요.

07 일곱 번째 수업

1 Rh, MNSs, P, Ii, Lewis, Duffy, Kidd, Kell 등 많은 혈액형이 있습니다. 또 ABO식 혈액형 중에도 cis-AB를 비롯해서 A2, A3, Am, Ax, Ael, B3, Bm, Bx, Bel과 같은 희귀한 혈액형도 있습니다.

08 여덟 번째 수업

1 헌혈받은 혈액을 잘 보관하고, 수혈이 필요할 때 ABO와 Rh 혈액형을 맞추며 비예기 항체 검사와 교차 시험을 통해 수혈 부작용이 일어나지 않는 안전한 혈액을 찾는 곳입니다. 한마디로 수혈에 필요한 혈액을 채혈, 조제, 보존, 공급하는 곳입니다.

2 혈액 백을 통해 원심 분리를 할 수 있게 되어, 전혈 하나로부터 적혈구, 혈소판, 혈장 성분을 따로따로 분리해 낼 수 있게 되었습니다. 이로써 환자가 필요로 하는 혈장 성분을 수혈할 수 있게 되었는데 이것을 바로 성분 수혈이라고 합니다.

09 아홉 번째 수업

1 피를 많이 흘려 생명이 위태로운 환자, 수술을 받기 위해 피가 필요한 환자, 빈혈이 심한 환자와 혈소판 감소증 환자들에게 혈액을 제공하여 생명을 구할 수가 있습니다.

10 마지막 수업

1 혈액형은 결코 변하지 않습니다. 단 한 가지 예외가 있긴 합니다. 혈액형이 다른 골수를 이식받으면 골수를 준 사람의 혈액형으로 바뀌게 됩니다.

2 방송이나 언론에서 흔히 혈액형이 성격이나 건강에 영향을 끼친다고 하지만 사실 과학적으로 입증된 바는 아직 없습니다. 과학적 근거는 없지만 어느 정도 확률은 있다고 주장하는 학자도 있습니다. 이에 대한 여러분의 생각을 적어 보고, 주변 사람들의 혈액형별 성격도 한번 생각해 보세요.

033권	보어가 들려주는 원자 모형 이야기

01 첫 번째 수업

1 물, 불, 흙, 공기입니다.

2 원소가 원자와 같은 알갱이로 되어 있느냐 아니냐 하는 것입니다. 4원소론에서 주장한 네 가지 원소는 알갱이가 아닙니다. 반면, 눈에는 보이지 않지만 물도 작은 알갱이로 이루어져 있다는 것이 원자론입니다.

3 배수 비례의 법칙이란 두 종류의 어떤 원자가 여러 가지 화합물을 만들 때 한 원자와 결합하는 다른 원자의 수는 정수비를 이룬다는 것입니다.

02 두 번째 수업

1 원자가 더 이상 쪼개지지 않는 가장 작은 알갱이라면 그 안에서는 아무것도 나올 수가 없어야 합니다. 무엇인가가 나온다는 것은 더 쪼갤 수 있다는 것과 같습니다. 아무것도 쏘아 넣지 않은 우라늄에서 감마선이 나왔다면 원자에서도 무엇인가 나올 것이라는 사실을 발견해 낸 것입니다.

2 원자가 쪼개질 수 있다는 것을 발견한 것입니다.

03 세 번째 수업

1 유리관에 여러 가지 종류의 기체를 조금씩 넣은 다음 공기가 들어가지 못하도록 밀봉하여 만든 것입니다.

2 미립자들이 형광 물질을 발라 놓은 표면에 부딪히면 빛을 냅니다. 따라서 알갱이는 볼 수 없지만 이 알갱이가 어디에 부딪히는지 눈으로 볼 수가 있는 것입니다.

3 음극선에서 나와 양극으로 흘러가는 것은 작은 알갱이입니다. 그 중간에 물체를 놓으면 알갱이가 물체를 통과하지 못하기 때문에 맞은편에 그림자가 만들어지는 것입니다.

04 네 번째 수업

1 보통 원자는 원자 속에 양전기와 음전기가 같은 양으로 들어 있기 때문에 전기를 띠지 않습니다. 그런데 양전기나 음전기 중 하나가 많아지면 원자도 양전기나 음전기를 띠게 됩니다.

2 '이온' 이라고 합니다.

3 톰슨은 원자 속에 들어 있는 전자가 느슨하게 박혀 있어서 원자 밖으로 튀어나오거나 들어갈 수 있다고 생각했습니다. 음전기를 가진 전자가 튀어나오면 원자 속에는 양전기가 음전기보다 많아져 양전기를 띠게 되는데 이것이 양이온입니다. 때로는 바깥에서 전자가 원자 속으로 들어가기도 하는데 이렇게 되면 원자 속에는 음전기가 양전기보다 많아져 음이온이 된다는 것입니다.

05 다섯 번째 수업

1 양성자가 원자 내에 골고루 퍼져 있고 그 사이사이에 전자가 박혀 있다는 톰슨의 원자 모형이 틀렸다는 사실을 알게 되었습니다. 즉, 원자의 대부분은 빈 공간으로 되어 있고, 이 빈 공간에는 질량이 작은 전자들이 돌고 있으며, 원자의 중심에는 무거운 양성자들이 모여 원자핵을 이루고 있음을 알게 되었습니다.

2 원자핵 속에 들어 있는 양성자의 수로 결정됩니다.

06 여섯 번째 수업

1 온도가 낮은 물체는 파장이 긴 전자기파를 내고 온도가 높은 물체는 파장이 짧은 전자기파를 냅니다.

2 종이 속의 전자는 빛을 흡수할 수 있고 유리 속의 전자는 빛을 흡수하지 못하기 때문입니다.

07 일곱 번째 수업

1 $-13.6/n^2$eV 입니다.

2 라이먼 계열 - 자외선
발머 계열 - 가시광선
파셴 계열 - 적외선

08 여덟 번째 수업

1 더 이상 작게 나눌 수 없는 가장 작은 단위가 있다는 것을 뜻합니다. 질량이나 속도, 가속도, 운동량 등과 같은 물리량도 일정한 조건하에서는 그 조건을 만족시키는 값만을 가져야 한다는 것입니다.

2 새로 만든 양자 물리학의 경우, 방정식을 풀면 하나가 아니라 여러 개의 답이 얻어지는 문제가 있었습니다. 하지만 얻어지는 여러 가지 해 중에서 어떤 해를 선택할 것인지를 나타내는 확률을 계산하는 방법으로 이 문제를 해결했습니다.

09 마지막 수업

1 주양자수 – 전자가 가지는 에너지의 크기
부양자수 – 회전 운동량의 크기
자기양자수 – 회전 운동량의 방향

2 전자들도 자석의 성질을 가지고 있기 때문입니다.

034권 베게너가 들려주는 대륙 이동 이야기

01 첫 번째 수업

1 베게너는 대륙들이 처음에는 모두 모여 판게아를 이루었다가 떨어졌다는 것을 알아냈습니다. 즉 대륙이 이동했다는 사실을 알게 된 것입니다.

2 지금은 떨어져 있는 다른 대륙 쪽으로 가려면 배나 비행기를 이용해야 합니다. 하지만 만약 하나의 대륙으로 연결되어 있다면 육로 이동이 가능하고 어쩌면 각 지역의 교류가 훨씬 더 활발했을 것입니다. 또 하나의 문화권을 이루었을지도 모릅니다.

02 두 번째 수업

1 화석은 고생물의 증거라고도 합니다. 예를 들어 떨어져 있는 두 대륙에서 메소사우루스와 글로소프테리스의 화석이 같이 나타나고 또 화석들을 포함한 암석이 나이와 종류가 같다는 것은 과거에 아프리카와 남아메리카가 붙어 있었다는 것을 의미합니다. 특히 글로소프테리스는 주로 남반구 대륙에서

만 발견되는 식물로 동물과 달리 스스로 이동할 수 없습니다. 그럼에도 서로 다른 지역에서 글로소프테리스의 화석이 발견되었다는 것은 과거에 아프리카와 남아메리카가 붙어 있었다는 것을 의미합니다.

03 세 번째 수업

1 육교설에 따르면 남대서양에 거대한 육교가 있었는데 갑자기 가라앉아서 없어졌다고 합니다. 바다의 육교를 따라 동물들이 이동을 했고 그 결과 전혀 다른 지역에서 같은 동물의 화석이 발견된다고 설명한 것입니다. 하지만 지각은 맨틀 위에 떠 있는 상태로 맨틀보다 훨씬 가볍습니다. 그런 지각이 아무런 이유 없이 맨틀 아래로 가라앉는 일은 일어날 수가 없습니다.

04 네 번째 수업

1 적도 부근은 덥기 때문에 빙하가 쌓이지 않습니다. 더구나 빙하가 바다에서 육지로 흐를 리도 없습니다. 하지만 3억 년 전의 지도를 보면 이해할 수 있습니다. 3억 년 전의 빙하 흔적은 대륙들이 판게아를 이루었을 때 지구에 있었던 빙하기의 흔적입니다. 그러므로 빙하 흔적이 적도에 남겨진 것이 아니라, 빙하 흔적이 남겨진 대륙이 적도 부근으로 이동했다는 것을 알려 주는 것입니다.

05 다섯 번째 수업

1 지구 내부의 방사성 원소가 열을 발생시키고 그 열이 맨틀을 가열시키면 가열된 맨틀은 대류를 하게 됩니다. 뜨거운 맨틀이 상승하고 옆으로 움직이며 차가워진 맨틀이 하강하는 대류 운동이 맨틀 위 대륙을 움직이는 힘입니다.

2 베게너 자신이 왜 대륙이 이동했는지 그 원동력을 제대로 설명할 수 없었기 때문입니다. 베게너는 처음 자전으로 극지방보다 적도 쪽이 약간 볼록한 것으로 지구가 자전했기 때문이라고 했습니다. 지구가 자전함에 따라 극 쪽에서 적도 쪽으로 미는 힘이 생기고, 그것이 대륙을 이동시키는 힘이라고 생각한 것입니다. 베게너의 생각은 문제가 많았습니다. 많은 과학자들은 대륙이 해저 위에 그냥 얹혀 있을 리 없다는 것과 대륙이 해저 위를 미끄러지듯 움직이더라도 그 마찰이 심해 제대로 움직일 수 없다는 이유로 반대했습니다.

06 여섯 번째 수업

1 방사능 가열은 맨틀의 상승과 하강이라는 거대한 세포를 만듭니다. 대륙 아래에서 상승하고 퍼져 나가는 대류 세포는 대륙을 분리시키고 대륙의 조각들은 양쪽으로 이동합니다. 그 사이에 새로운 해저가 만들어지고 대륙은 이동을 계속하지만 맨틀 흐름의 하강이 생기는 장소에 다다르면 멈추게 됩니다. 가벼운 대륙 물질들이 무거운 맨틀 아래로 가라앉을 수 없기 때문에 그것들은 주변부에 쌓여 산맥을 형성하게 됩니다. 또는 대륙 주변부의 지표에 퇴적물이 쌓이고 계속 옆에서 밀어붙이는 힘에 의해 솟구쳐 올라 산맥이 되는 것입니다.

2 우리가 느끼지는 못하지만 지금도 대륙은 이동하고 있습니다. 만약 우리가 느낄 수 있을 만큼 대륙들이 움직인다면 높은 건물을 짓지 못할 것입니다. 대륙이 이동하면서 오는 충격으로 쉽게 무너져 내리기 때문입니다. 언제 어디에 가 있을지 모르는 상황이기 때문에 다른 나라와 무역하기도 어려워질 것입니다. 또한 기상 변화도 예측할 수 없어 많은 불편함을 느낄 것입니다.

07 일곱 번째 수업

1 여러 형태의 해저 지형이 생기는 이유에 대한 고민 때문이었습니다. 특히 바다 한 가운데 해령, 바다의 끝자락에 해구 이렇게 쌍으로 나타나는 것은 더 이해하기가 어려웠습니다. 그 이유를 찾아가다 보니 맨틀 대류설과 대륙 이동설이 나왔던 것입니다.

09 마지막 수업

1 해저 확장은 해령을 중심으로 해저 지각이 양옆으로 이동해 가는 것입니다. 해령에서 만들어진 해저 지각이 양옆으로 이동하고 해령에서는 다시 새로운 해저 지각이 만들어지는 과정이 반복되는 것입니다. 그래서 해령을 중심으로 줄무늬 모양도 완전히 대칭을 이루는 것입니다.

2 만약 지금보다 더 작은 대륙들로 나눠진다면 아마 더 복잡해질 것입니다. 많은 나라들이 생겨날 것이고, 많은 사람들이 좁은 곳에서 부딪치며 살아가야 하기 때문입니다. 오히려 대륙들이 이동해서 가깝게 된다면 여러 나라의 사람들이 교류하며 살아갈 수 있었을 것 같습니다.

035권 | 윌머트가 들려주는 복제 이야기

01 첫 번째 수업

1 생물학에서 복제란 살아 있는 생물의 정보를 그대로 옮겨 새로운 생명체를 만드는 것을 의미합니다. 또 이렇게 복제된 생물을 '클론' 이라고 부릅니다.

02 두 번째 수업

1 사과나무 가지를 일부분 잘라 새로 심으면 원래의 식물로 자랄 수 있습니다. 이것을 영양 생식이라고 합니다.

2 우수한 형질을 가진 식물을 많이 만들 수 있고, 식물이 자라는 시간을 절약할 수 있으며, 씨로 번식하지 못하는 식물을 번식시킬 수 있습니다.

03 세 번째 수업

1 양서류는 정자와 난자가 수정되는 과정이 몸 밖에서 일어나는 체외 수정을 하기 때문에 관찰하기가 쉽습니다.

2 슈페만은 도롱뇽 실험으로, 초기 배의 세포는 작은 세포로 나뉠 때 몸을 이루는 모든 유전 정보를 가지고 있다는 것을 증명하였습니다.

04 네 번째 수업

1 초기 배세포의 핵을 이용하여 개구리를 복제할 수 있지만, 어느 시기를 넘으면 더 이상 복제할 수 없다는 것을 알 수 있습니다.

2 다 자란 동물의 복제가 불가능하다고 했던 기존의 이론을 뒤집었다는 데 있습니다.

05 다섯 번째 수업

1 수정란에서 떼어낸 핵 속에 들어 있는 유전 정보는 아직 할 일이 결정되지 않았기 때문에 몸의 어떤 부분으로도 발달할 수 있는 상태이지만, 다 자란 동물의 체세포 핵 속에 들어 있는 유전 정보는 이미 자기가 할 일이 결정되어 있기 때문입니다.

2 정자와 난자 그리고 적혈구의 세포는 사용해서는 안 됩니다. 정자와 난자는 생식 세포이므로 유전자가 체세포의 절반이기 때문이며, 적혈구는 핵이 없기 때문입니다.

06 여섯 번째 수업

1 모든 생물의 DNA 지문은 다 다르므로 이것을 이용해 복제된 것인지 아닌지 알 수 있습니다.

07 일곱 번째 수업

1 지금까지 복제 실험이 살아 있는 동물을 대상으로 하였습니다. 그리고 DNA 자체에 이상이 없어야 하는데 오랜 세월이 지나 DNA가 변했을 가능성이 높습니다. 그러므로 아직까지는 그 가능성이 적어 보입니다.

2 파괴되고 있는 생태계를 살릴 수 있다는 의견도 있겠지만, 자연스런 생태계를 파괴할 수도 있다는 의견도 있습니다.

3 장기의 역할이나 크기가 사람과 비슷하고, 새끼를 많이 낳기 때문에 많은 장기를 얻을 수 있어서입니다.

4 사람의 조직과 동물의 조직이 다르기 때문에 우리 몸의 백혈구가 돼지 장기를 공격할 가능성이 있습니다.

08 여덟 번째 수업

1 재능은 유전에 의해 타고날 수도 있지만 노력 여부, 환경에 의해서도 키울 수 있다고 생각합니다. 여러분의 의견도 적어 주세요.

2

구분	문제점
윤리적	자연의 법칙을 거스르는 것입니다.
도덕적	우수한 형질만 선호하게 되고, 영원한 삶을 기대하게 됩니다.
기술적	불완전하므로 부작용이 있으며, 여성의 몸에 해가 됩니다.
법률적	인간 가족의 개념이 명확하지 않습니다.

09 마지막 수업

1 복제한 동물의 나이가 태어날 때부터 원본 동물의 나이와 같아 오래 살지 못할 수 있습니다. 또 유산률이 높고 기형이 나타날 가능성이 높으며, 100% 똑같은 생물이 나오지 않을 수도 있습니다. 그래서 좋은 형질을 가진 동물을 얻지 못할 수도 있습니다.

036권 다원이 들려주는 진화 이야기

01 첫 번째 수업

1

구분	종류
동물	호랑이, 기린, 토끼, 강아지, 코끼리 등
식물	참나무, 벼, 콩, 옥수수, 민들레 등
미생물	대장균, 효모, 곰팡이, 플랑크톤 등

02 두 번째 수업

1 환경의 변화에 따라 쓰이지 않더라도 남아 있는 기관을 말합니다.

2 ① 사람 : 꼬리뼈, 귀를 움직이는 근육 등
② 농불 : 고래나 뱀의 다리뼈, 골반 등

3 • 육상에서 생활할 수 있습니다. - 고래는 원래 육상 동물이었으며 지금도 폐로 호흡을 합니다. 고래를 점차 바다에서 육지로 이동 생활할 수 있도록 훈련을 시키면 다시 육지에서 살 수 있을 거라고 생각됩니다.
• 육상에서 생활할 수 없습니다. - 아무리 고래가 폐로 호흡을 한다고 해도 이미 바다에 익숙하게 모든 기관들이 변화된 상태입니다. 만약 다리가 없는 고래가 육지로 올라와서 숨을 쉴 수 있다고 해도 다른 포유류들에게 금방 잡아먹히고 말 것입니다. 또한 고래는 미생물인 플랑크톤을 먹이로 합니다. 이빨이 많이 퇴화되었기 때문입니다. 이미 바다에 적응한 고래를 육지에서 살 수 있도록 하는 건 불가능하다고 생각됩니다.

03 세 번째 수업

1 라마르크는 사용하는 기관은 유전하고 사용하지 않는 기관은 퇴화한다는 용불용설을 주장했습니다. 기린의 목이 길어진 이유를, 원래 기린의 목은 지금처럼 길지 않았는데 목이 짧은 기린이 높은 곳의 나뭇잎을 먹기 위해 애쓰다 보니 점점 목이 길어지게 되었고, 이 형질이 자손에게 전달되었다고 설명하는 이론입니다.

2 다양한 목의 길이를 갖는 기린 중에는 조금이라도 목이 긴 기린이 목이 짧은 기린에 비해 높은 곳에 있는 나뭇잎을 따먹기에 유리할 겁니다. 이런 이점 때문에 조금 더 목이 긴 기린은 더 많은 나뭇잎을 따먹고 더 튼튼히 자랄 겁니다. 이 기린은 튼튼하게 자랐기

에 더 많은 후손을 낳을 기회가 주어질 것이고 이 목이 긴 기린의 형질을 물려받은 후손은 어버이와 마찬가지로 목이 짧은 기린보다 유리하여 역시 더 튼튼히 자라고, 또 더 많은 후손을 낳게 될 것입니다. 이런 과정이 반복되어 오랜 시간이 지나면 결국 기린 집단은 목이 긴 기린으로 이루어지게 되는 것입니다.

3 획득 형질이 아닌 것은 어떤 것인지 생각해 보면 됩니다. 모습, 혈액형, 지능 등이 유전되며 때로는 질병이 유전되기도 합니다.

04 네 번째 수업

1 진화란 여러 세대를 거치면서 점차 변화해 온 것을 말하며, 사람의 꼬리뼈, 고래의 뒷다리 등이 그 예입니다. 반면에 변화란 모양이 변화하는 것을 말하며, 성형으로 고친 얼굴 등이 그 예입니다.

2 머리를 많이 사용하는 현대인의 머리가 커지고, 움직이지 않아서 다리가 약해집니다. 컴퓨터를 많이 이용해서 팔은 길어질 것입니다. 손가락이 15개가 될 수도 있습니다. 또 기억력이 나빠져서 컴퓨터를 항상 가지고 다녀야 할지도 모릅니다.

05 다섯 번째 수업

1 집단을 구성하는 모든 개체들이 가지고 있는 유전자 상에서의 빈도 변화가 진화입니다. 이때 집단을 구성하는 모든 개체들이 가지고 있는 유전자를 통틀어 유전자풀이라고 합니다.

06 여섯 번째 수업

1 돌연변이는 진화의 역사에서 핵심적인 역할을 합니다. 돌연변이만이 새로운 대립 유전자를 만들어 내기 때문입니다. 돌연변이는 유전자 자체의 변화에 의하여 일어나거나, 염색체의 일부가 잘려 없어지거나, 여분으로 늘어나서 유전자가 새로 추가되거나 결실로 인하여 발생되는 유전적인 변화입니다.

2 진화를 야기하는 요인에는 두 집단 간의 유전자 이동, 돌연변이에 의한 유전자풀의 변화, 자연 선택에 의한 변화, 분단형 선택에 의한 변화 등이 있습니다.

07 마지막 수업

1 종을 구분하는 기준은 보통 교배가 가능한

가입니다. 만약 어떤 두 집단이 서로 교배할 수 없다면 이 두 집단은 서로 다른 종이라고 할 수 있습니다. 하지만 모든 종을 이렇게 쉽게 정의할 수는 없습니다. 이런 경우 겉모습이나 생화학적인 특징을 가지고 분류할 수밖에 없습니다. 또 진화 생물학자들은 진화적 역사에 초점을 두고 하나의 계보에서 유래하는 개체의 집단으로 정의하여, 특정 집단 또는 계통에서만 발견되는 독특한 DNA 염기 배열 순서나 신체 구조 같은 유전적 형질과 표현 형질을 분류의 기준으로 삼습니다.

037권 코리올리가 들려주는 대기 현상 이야기

01 첫 번째 수업

1

대류권	대기권에서 가장 낮은 온도까지 내려가는 곳
성층권	비와 눈이 내리는 대기 현상이 일어나는 곳
중간권	오로라가 생기고 인공위성이 떠 있는 곳
열권	오존층이 있어서 자외선을 흡수하는 곳

2 지구 자기장의 N극과 S극이 북극과 남극 근처에 있어서 태양에서 나온 전기를 띤 입자는 극지방에 몰립니다. 그곳 근처에는 지구 대기와 태양이 방출한 입자들 사이에 마찰이 빈번히 일어나 오로라가 보이는 것입니다.

02 두 번째 수업

1 지구가 기울어서 회전하기 때문에 같은 양의 태양열을 골고루 받을 수 없습니다. 그래서 적도 지역은 에너지가 남고, 극지방은 에너지가 모자라는 불평등이 생깁니다. 이런 불평등을 해소하기 위해 대기가 순환하면서 에너지를 골고루 전달하는 것입니다. 이처럼 중요한 대기의 순환이 정지할 경우 어떤 일이 벌어질지 한번 생각해 보세요.

2 지구의 자전 때문에 전향력이 생겨 한쪽으로 휘게 되는 것입니다.

03 세 번째 수업

1 오존층의 파괴는 피부를 노화시키고 피부암을 유발합니다. 또한 DNA가 자외선을 만나면 이상 결합과 이상 배열을 하고 세포의 돌연변이를 일으킵니다. 농작물에도 심각한 해를 끼치는데 오존층이 10% 남짓 파괴되면 쌀 수확량은 4분의 1에서 3분의 1 가까이 줄어듭니다.

2 빙하가 녹고 해수면이 높아져서 저지대가 잠길 우려가 있습니다. 지구 온나화는 잦은 기상 이변의 원인이 되는 것으로 알려져 있습니다.

04 네 번째 수업

1 스모그는 배기가스와 안개의 합성어입니다. 대기 중의 질소 산화물과 탄화수소, 그리고 이산화황이 빛을 받아 수증기와 결합하면 안개 같은 것이 생기는데 이것이 스모그입니다.

2 강한 산성비에 농작물이 제대로 생장하기가 힘들고 건물도 부식됩니다.

05 다섯 번째 수업

1 번개는 복잡한 상태의 대기를 지나 지상으로의 최단 경로를 따라서 하강하기 때문에 지그재그 모양인 것입니다.

2 빛은 소리보다 속도가 훨씬 빠릅니다. 번개는 빛이고 천둥은 소리입니다. 그래서 번개가 친 뒤 천둥 소리를 들을 수 있는 것입니다.

06 여섯 번째 수업

1 긍정적인 역할 – 더위와 가뭄을 해결해 줍니다. 바다의 영양분을 골고루 섞어 주고 적조를 말끔히 쓸어내 줍니다.

부정적인 역할 – 거센 바람으로 건물이 파손되고, 농작물이 침수되고, 사상자도 생깁니다.

2 한글 이름으로 지어 보세요. 여러분 주변의 사물이나 사람의 이름을 붙여도 좋습니다.

3 태풍의 중심은 저기압입니다. 그리고 태풍의 주위는 고기압입니다. 대기는 고기압에서 저기압으로 이동하므로 태풍 주변의 대기가 모두 태풍 쪽으로 빨려 들어가는 것입니다.

07 일곱 번째 수업

1 함박눈은 눈송이가 큰 눈입니다. 눈송이가 크려면 수증기가 잘 달라붙어야 하는데 너무 추우면 눈송이가 달라붙기 힘듭니다. 그러므로 날씨가 많이 춥지 않은 날 함박눈이 내리기 때문에 포근하다고 표현하는 것입니다.

2 좋은 점 - 대기를 깨끗하게 해 주고 건조한 기후를 바꿔 줍니다. 또한 단열성이 우수해서 추위로부터 몸을 피할 수 있습니다.
나쁜 점 - 눈이 도로에 달라붙어 빙판길을 만들면 교통사고가 날 위험이 큽니다. 폭설이 내리면 통신이 두절되고 비닐하우스를 망가뜨리기도 합니다.

08 여덟 번째 수업

1 엘니뇨 - 사내아이 또는 아기 예수라는 뜻입니다. 태평양 적도 인근의 해수면 온도가 비정상적으로 상승하면서 나타나는 기상 이변입니다.
라니냐 - 여자아이라는 뜻입니다. 적도 근방의 해수면 온도가 비정상적으로 낮아지는 자연 현상입니다.

09 아홉 번째 수업

1 온난 전선 - 보슬비, 층운형 구름, 기온 상승, 완만한 형태
한랭 전선 - 소나기, 적운형 구름, 기온 하강, 급경사 형태

2 (위에서부터 차례로)

밀도가 낮아진다.	밀도가 높아진다.
부피가 커진다.	부피가 작아진다.
온도는 떨어진다.	온도가 상승한다.
단열 팽창	단열 수축

10 마지막 수업

1 여러분의 생활과 연관 지어 생각해 보세요. 날씨가 맑다는 일기 예보만 보고 그냥 학교에 갔는데 비가 오면 당황스럽겠죠? 또한 태풍이나 장마가 제대로 예보되지 않으면 사람들이 준비를 제대로 할 수 없기 때문에 큰 피해를 볼 수도 있습니다.

038권	페르미가 들려주는 핵분열, 핵융합 이야기

01 첫 번째 수업

1 핵분열과 핵융합입니다. 핵분열로는 원자 폭탄과 원자력 발전이 핵융합으로는 태양과 수소 폭탄이 있습니다.

2 핵 속에는 양정자와 중성자가 들어 있는데, 양성자는 양(+)의 전하를 띠고 있습니다. 중성자는 전하를 띠지 않으니, 핵은 전체적으로 양(+)의 전하를 띠게 됩니다.

3 핵 속에 든 중성자 수가 다르기 때문입니다.

02 두 번째 수업

1 E＝에너지, m＝질량, c＝광속

03 세 번째 수업

1 중성자 속도는 느려집니다. 속도가 느려졌으니, 수소 주위에서 머무는 시간이 길어집니다. 그럴수록 중성자와 수소가 접촉할 수 있는 확률도 그만큼 높아집니다.

04 네 번째 수업

1 플루토늄은 동위 원소 방법을 사용하지 않고도 핵 원료를 얻을 수 있어 원자 폭탄의 개발에 또 하나의 새로운 이정표를 찍었습니다.

05 다섯 번째 수업

1 임계 상태, 임계 질량

2 우라늄－235, 플루토늄－239

06 여섯 번째 수업

1 창의성 문제입니다. 인류 평화와 연관 지어 생각해 보세요.

07 일곱 번째 수업

1 방사성 물질을 약간이라도 포함하고 있는 폐기물로 핵발전소에서 나온 핵폐기물, 방사성 물질이 묻은 작업복, 장갑, 핵발전소에서 내보내는 폐수, 병원 핵폐기물 등이 이에 속합니다.

2 고준위 핵폐기물에는 플루토늄－239와 같은 원자 폭탄의 재료와 여러 중요 원소가 들어

있기 때문입니다. 훗날 재활용하기 위해 보관한답니다.

08 여덟 번째 수업

1 핵융합 반응을 하려면 무려 1억 도에 가까운 온도가 필요하기 때문입니다.

09 마지막 수업

1 태양을 가득 채운 수소가 밖으로 나가지 못하도록 태양의 중력이 작용하며, 이 힘에 맞대응하는 태양의 열기가 있어 태양이 작아지지 않는 것입니다.

039권 루이스가 들려주는 산, 염기 이야기

01 첫 번째 수업

1 염산(HCl)이나 플루오린화수소산(HF), 브로민화수소산(HBr) 등은 명백한 산임에도 불구하고 산소 성분을 포함하지 않기 때문에 라부아지에의 이론으로는 산임을 설명할 수 없습니다.

02 두 번째 수업

1 소금이 녹으면 나트륨 이온과 염화 이온으로 갈라져 소금물 속에는 (+)이온과 (–)이온이 들어 있게 됩니다. 여기에 전지를 연결하면 이온들이 이동을 해 전기가 통하게 되는 것입니다. 그러나 설탕은 물에 녹을 때 분자가 쪼개지지 않고 통째로 녹게 됩니다. 즉, 이온으로 갈라지지 않기 때문에 전기가 통하지 않는 것입니다.

2 첫째, 땀으로 손실된 물을 충분히 공급할 수 있어야 합니다. 둘째, 땀에 녹아 손실된 전해질을 보충할 수 있도록 전해질 이온을 포함해야 합니다. 셋째, 계속적으로 운동할 수

있도록 쉽게 열량을 공급해 줄 수 있는 물질을 포함해야 합니다.

3 바로 이온 때문입니다. 손에서 물로 녹아드는 이온들, 또는 불순물들이 물에 녹아 공급되는 이온들 때문에 전기가 흐를 수 있는 것입니다.

03 세 번째 수업

1 산은 물에 녹아 수소 이온(H^+)을 내놓고, 염기는 수산화 이온(OH^-)을 내놓습니다.

2 이온화되는 정도입니다.

04 네 번째 수업

1 위에서 분비되어 소화 효소인 펩신을 활성화시켜 단백질의 소화가 일어날 수 있게 해줍니다.

2 탄산은 물에 이산화탄소 기체가 녹았을 때 만들어집니다.

05 다섯 번째 수업

1 금속이 수산화나트륨과 반응해 녹을 수 있습니다. 또, 수산화나트륨이 물에 녹을 때 자극성이 매우 강한 가스가 나오므로 반드시 환기가 잘되는 곳에서 만들어야 합니다.

2 알칼리는 염기 중에 특히 물에 잘 녹는 염기를 가리키는 말입니다.

06 여섯 번째 수업

1 pH2가 산성이 더 강합니다.

2 지시약을 사용하는 방법입니다.

07 일곱 번째 수업

1 염산 용액에 BTB지시약을 떨어뜨리면 노란색을 띠고, 수산화나트륨 용액을 넣어서 용액의 액성이 pH7이 되면 녹색을 띠게 됩니다.

2 용액의 온도 변화를 측정하는 방법과, 전류의 세기를 측정하는 방법이 있습니다.

08 여덟 번째 수업

1 $2NH_3$(암모니아)

2 질소 비료의 원료가 되어 식량 생산을 늘이는 데 기여합니다. 또한 질산 칼륨을 만드는 원료로도 사용됩니다.

09 마지막 수업

1 원자 주위의 전자는 8개가 될 때가 가장 안정을 이룹니다. 대부분의 원자들은 이 규칙에 따라 중심 원자 주변의 전자가 8개가 되도록 결합합니다.

040권 엥겔만이 들려주는 광합성 이야기

01 첫 번째 수업

1 식물의 광합성에는 햇빛, 물, 이산화탄소가 필요합니다. 이산화탄소가 식물에 흡수되어 물과 함께 햇빛을 통해 에너지를 얻어 포도당을 만드는 작용을 광합성이라고 합니다.

2 식물에서 산소가 나오고 동물에서 이산화탄소가 나왔기 때문입니다. 즉, 산소는 쥐를 살 수 있게 하고, 이산화탄소는 식물의 광합성 원료가 된 것입니다.

02 두 번째 수업

1 C는 탄소, H는 수소, O는 산소를 나타냅니다.

2 탄수화물, 지방, 단백질의 뼈대를 이루는 것이 바로 탄소이기 때문입니다.

03 세 번째 수업

1 약 400nm 쪽의 빛을 보라색 빛으로 느끼고, 약 700nm 쪽을 붉은색 빛이라고 느낍

니다.

2 초록의 셀로판지는 녹색만 통과시키므로 식물에 초록 광만 전달됩니다. 초록 광은 엽록소가 대부분 반사하므로 식물은 광합성을 제대로 할 수 없게 됩니다.

04 네 번째 수업

1 같은 면적이라면 큰 구멍이 하나 있는 것보다 작은 구멍이 여러 개 있는 것이 더 증발량이 많기 때문입니다.

2 뿌리가 흡수한 물은 물관을 타고 이동하고, 유기물 같은 양분은 체관으로 이동합니다.

3 1단계 : 엽록체가 (빛)을 받으면 에너지와 (수소)를 만든다.
2단계 : 1단계에서 합성한 물질을 이용해 CO_2를 재료로 (포도당)을 만든다.

05 다섯 번째 수업

1 녹말과 요오드가 만나면 녹말 분자 사이를 요오드가 끼어들어 청람색을 반사하고 나머지는 흡수하므로 녹말이 청람색 또는 청자색을 띱니다.

06 여섯 번째 수업

1 광합성은 포도당을 만드는 과정이고, 호흡은 포도당을 분해하는 과정입니다. 아주 맑은 날, 해 뜰 무렵과 해 질 무렵 광합성과 호흡이 같아집니다.

07 일곱 번째 수업

1 낮에는 온도가 올라가 광합성을 잘하지만 밤에는 온도가 급격히 내려가 호흡이 평지보다 적게 일어납니다. 결과적으로 평지의 식물보다 생산은 많이 하고 소비는 적게 하기 때문입니다.

08 마지막 수업

1 석유, 석탄, 가스 등의 화석 연료를 지나치게 많이 사용함으로써 대기 중 이산화탄소 농도가 증가했기 때문입니다.

2 먹이 연쇄를 따라 전달되는 에너지의 양은 점점 감소하기 때문입니다.